REAL LIFE MATHS CHALLENGES

数学思维来帮忙

赛车手

[美] 约翰·艾伦/著   马昭/译

U0392323

北京时代华文书局

图书在版编目（CIP）数据

数学思维来帮忙. 赛车手 /（美）约翰·艾伦著；马昭译. — 北京：北京时代华文书局，2020.12
ISBN 978-7-5699-4012-1

Ⅰ. ①数… Ⅱ. ①约… ②马… Ⅲ. ①数学—儿童读物 Ⅳ. ①O1-49

中国版本图书馆CIP数据核字(2020)第261935号

北京市版权局著作权合同登记号 图字：01-2020-3974

Original title copyright:©2019 Hungry Tomato Ltd
Text and illustration copyright ©2019 Hungry Tomato Ltd
First published 2019 by Hungry Tomato Ltd
All Rights Reserved.
Simplified Chinese rights arranged through CA-LINK International LLC
(www.ca-link.cn)

拼音书名｜SHUXUE SIWEI LAI BANGMANG SAICHESHOU

出 版 人｜陈 涛
选题策划｜许日春
责任编辑｜沙嘉蕊
责任校对｜薛 治
装帧设计｜孙丽莉
责任印制｜訾 敬

出版发行｜北京时代华文书局 http://www.bjsdsj.com.cn
　　　　　北京市东城区安定门外大街138号皇城国际大厦A座8层
　　　　　邮编：100011 电话：010-64263661 64261528
印 　 刷｜河北环京美印刷有限公司　　电话：010-63568869
　　　　　（如发现印装质量问题，请与印刷厂联系调换）
开 　 本｜889 mm×1194 mm　1/16　　印 　 张｜2　　字 　 数｜30千字
成品尺寸｜210 mm×285 mm
版 　 次｜2023年7月第1版　　　　　　印 　 次｜2023年7月第1次印刷
定 　 价｜224.00元（全8册）

版权所有，侵权必究

目 录
Contents

数学真有趣

数学在日常生活的方方面面都扮演着重要的角色。在做游戏、骑自行车或者购物的时候，人们都会用到数学。在工作中，每个人都离不开数学。一级方程式赛车手也不例外。为了赢得比赛，他们必须使用数学知识来制定策略。在一级方程式大奖赛中赛车到底是一种怎样的体验呢？让我们一起来探索吧！别忘了尝试各种令人兴奋的数学活动！快来看看那些获胜的车队都使用了哪些数学知识吧！

数学活动

在回答部分问题时，你需要从数据表中收集一些数据。有时你还需要从题目或图表中收集信息。

在解答某些问题时，你可能还需要准备一支钢笔或者铅笔，以及一个笔记本。

数学事实和数据

为了完成一些数学活动，你需要从这样的数据表中获得信息。

驾驶赛车是一种怎样的感觉？

握住方向盘，看看在一级方程式比赛中以每小时320千米的速度行驶是一种什么样的感觉。

在激烈的比赛中保持冷静

在任何一场大奖赛中，获得杆位都是重要的优势。不过，反应够迅速的赛车手仍然有机会弥补差距，甚至取得领先。赛车手必须保持高度警惕，尤其是在起程的时候。这是个非常紧张的时段，赛车经常会发生碰撞，甚至还没完成一圈就撞车出局了！

事故

当赛车手们看到前方发生事故时，赛车正以每小时200千米的速度行驶着。赛车手需要时间做出反应并刹车。

使用下面关于停车距离的数据表来回答以下问题。

45 如果你的车长为4米，且你正以每小时64千米的速度行驶，你需要经过大约多少个车长才能停下来？

46 如果你正以每小时112千米的速度行驶，你需要经过大约多少个车长才能停下来？

数据表　停车距离

速度（千米/小时）	反应距离（米）	刹车距离（米）	总计停车距离（米）
32	6	6	12
48	9	14	23
64	12	23	35
80	15	38	53
96	18	55	73
112	21	74	95

发生撞击后，受损的车会被带回维修区。制造一辆赛车需要花费大约800万美元。

22

需要帮助吗?

- 有些数学问题如果你不太确定应该如何解答,可以翻到第28—29页。我们为你准备了很多小提示,可以帮你找到思路。

- 翻到第30—31页,看看你的答案对不对吧。

  (请你先尝试解决所有的活动和挑战,再来查看答案哟。)

在进行暖胎时,赛车后面跟着一辆安全车。当赛车回到起跑线的位置时,安全车离开赛道。

在这样的事实方格中,你会发现很多关于一级方程式赛车,以及工程师、赛车手和整个赛车队工作中令人惊奇的细节。

赛车手安然无恙,自行返回车队了。

反应时间

赛事工作人员会记录三辆领先赛车在起跑时的反应时间。数轴上的0表示起跑灯熄灭的时间,也就是赛车可以出发的时间。

-4 -3 -2 -1 0 +1 +2 +3 +4

每辆车都有不同的反应时间,一辆车的反应时间是+1秒,另一辆车的反应时间是+2秒,还有一辆车的反应时间是-1秒。

47 哪辆车的反应时间最短?哪辆车的反应时间意味着它将被取消比赛资格?

(第29页有小提示,可以帮你回答这个问题。)

数学挑战

在这种方格中,还有额外的数学问题等着你来挑战。快来试试吧!

赛季开始啦

顶尖的一级方程式赛车手会在世界各地旅行，他们的日程安排非常繁忙。在大奖赛的周末，他们要开会讨论比赛策略，还要参加新闻发布会和赞助商举办的聚会。新的大奖赛赛季即将开始，必须安排好旅行计划啦。

有多远？

一级方程式比赛在许多不同的国家举行。

很多一级方程式赛车手都住在摩纳哥。你能不能根据下一页数据表中的信息，算一算赛车手们在一级方程式大奖赛赛季中行驶的距离呢？

1. 不包括在摩纳哥举行的比赛，赛车手前往比赛地点的最短距离和最长距离分别是多少？
2. 去加拿大和去英国的路程相差多远？
3. 到新加坡的路程比到巴林的路程远多少？
4. 到越南的路程比到日本的路程近多少千米？
5. 假如赛车手在每场比赛结束后都要返回位于摩纳哥的家中，那么在8月份从各赛区返回家中的旅程中，他们一共需要行驶多远的距离？

（第28页有小提示，可以帮你回答这些问题。）

一级方程式赛车是什么？

一级方程式是一套针对单座赛车的规则。这些赛车必须按照一套特殊的设计规格制造，包括用于保护车手的安全措施。按照这些规格制造的赛车就是一级方程式赛车，而这些赛车之间的比赛就是一级方程式大奖赛。

E MONTE-CARLO

数据表 — **一级方程式赛季**

日期	大奖赛(地点)	距离摩纳哥（千米）
3月15日	澳大利亚（墨尔本）	16 404
3月22日	巴林（萨基尔）	4 331
4月5日	越南（河内）	9 051
4月19日	中国（上海）	9 324
5月3日	荷兰（赞德福特）	982
5月10日	西班牙（巴塞罗那）	682
5月24日	摩纳哥（蒙特卡洛）	0
6月7日	阿塞拜疆（巴库）	3 483
6月14日	加拿大（蒙特利尔）	6 123
6月28日	法国（勒卡斯泰莱）	146
7月5日	奥地利（斯皮尔堡）	692
7月19日	英国（银石）	1 328
8月2日	匈牙利（布达佩斯）	985
8月30日	比利时（斯帕-弗朗科尔尚）	1 070
9月6日	意大利（蒙扎）	320
9月20日	新加坡（新加坡）	10 424
9月27日	俄罗斯（索契）	2 581
10月11日	日本（铃鹿）	9 862
10月25日	美国（奥斯汀）	8 821
11月1日	墨西哥（墨西哥城）	9 778
11月15日	巴西（圣保罗）	9 289
11月29日	阿布扎比（亚斯岛）	4 760

关于摩纳哥的小知识

摩纳哥是世界上第二小的国家（国土面积大约2平方千米），也是世界上最富有的国家之一。它位于欧洲西南部。

忙碌的日程

这是一位赛车手一个月的比赛日程。

星期日	星期一	星期二	星期三	星期四	星期五	星期六
	1	2	3	4	5 练习	6 排位赛
7 大奖赛	8	9	10	11	12 练习	13 排位赛
14 大奖赛	15	16	17	18	19	20
21	22	23	24	25	26 练习	27 排位赛
28 大奖赛	29	30				

请你看一看上面的日历和数据表，并回答以下问题：

6 日历中显示的是几月份的日程？

7 本月的第二个星期日，车手会在哪里比赛呢？

大奖赛的赛道

大奖赛的每条赛道都有不同的布局和各种类型的弯道，从急速的弯道到密集的发卡弯。绕赛道全程为一圈。根据大奖赛规定，除了摩纳哥赛道外，比赛长度需要至少达到304.97千米，且应在最少的完整圈数内达到该长度。

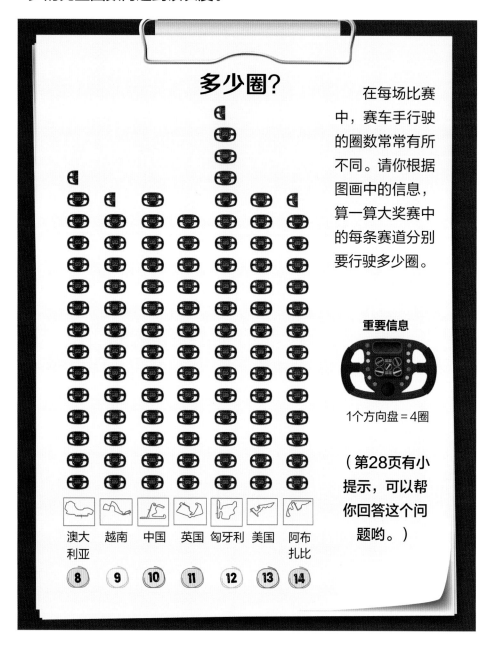

多少圈？

在每场比赛中，赛车手行驶的圈数常常有所不同。请你根据图画中的信息，算一算大奖赛中的每条赛道分别要行驶多少圈。

重要信息

1个方向盘＝4圈

（第28页有小提示，可以帮你回答这个问题哟。）

澳大利亚	越南	中国	英国	匈牙利	美国	阿布扎比
8	9	10	11	12	13	14

关于赛道的小知识

比利时的斯帕-弗朗科尔尚赛道是最长的大奖赛赛道。赛道单圈长度为7千米。比利时大奖赛的总圈数为44圈，总长度为308千米。

关于赛道的小知识

最短的大奖赛赛道位于摩纳哥，赛道单圈长度为3.34千米，总长度为260.52千米。也就是说，车手们要绕着赛道行驶78圈！

马来西亚大奖赛雪邦站

大奖赛的赛道

大奖赛	单圈长度	每次大奖赛的圈数
澳大利亚	5.30千米	?
巴林	5.41千米	57
越南	5.60千米	?
中国	5.45千米	?
荷兰	4.39千米	60
西班牙	4.65千米	66
摩纳哥	3.34千米	78
阿塞拜疆	6千米	51
加拿大	4.36千米	70
法国	4.41千米	70
奥地利	4.32千米	71
英国	5.89千米	?
匈牙利	4.38千米	?
比利时	7千米	44
意大利	5.79千米	53
新加坡	5.07千米	61
俄罗斯	5.85千米	53
日本	5.81千米	53
美国	5.52千米	?
墨西哥	4.30千米	71
巴西	4.31千米	71
阿布扎比	5.55千米	?

在这个数据表中，有一些赛道的圈数数据丢失了。你可以将上一页算出的数据补充进去。

哪个赛道？

在上面的数据表中，你可以看到每条大奖赛赛道的单圈长度。请利用表中的信息回答以下问题。

15 哪条赛道的圈数比澳大利亚少，但比中国多？

16 如果把单圈长度四舍五入到最接近的整数，那么有多少条赛道的长度是5千米呢？

（第28页有小提示，可以帮你回答这些问题。）

比赛准备

所有一级方程式赛车手必须完成一定里程的赛车测试，才有资格获得参加比赛用的"超级驾照"。参加一级方程式赛车的关键在于团队合作。每个赛车手背后的比赛团队也被称为"制造商"。他们会设计、制造赛车，并对赛车进行维护，使其保持在最佳状态。每个赛季，他们都会努力争取赛车手世界冠军和车队世界冠军的荣誉。

车队和赛车手走过赛道以收集信息。上图是一个团队正在考察位于比利时的最长赛道。

赛车手的健康

驾驶一级方程式赛车需要很强的体力和耐力。赛车手必须保持良好状态。

这些秒表显示了一名赛车手在上赛季和本赛季中的训练时间。请你根据这些信息来回答以下问题：

17 哪些活动的完成时间缩短了？缩短了多少秒？

18 哪个活动完成得更慢了？赛车手需要缩短多少秒才能达到上个赛季的时间？

（第28页有小提示，可以帮你回答这些问题。）

	上赛季	本赛季
骑自行车 16千米	28:36 分钟 秒	27:55 分钟 秒
跑步 10千米	41:44 分钟 秒	41:36 分钟 秒
游泳 40个泳池长度	15:55 分钟 秒	16:32 分钟 秒

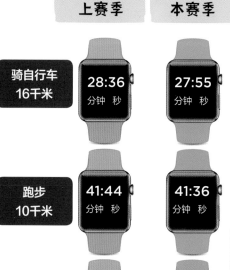

关于一级方程式的小知识

每场大奖赛中，车手们都会在进行实地练习之前使用模拟器来熟悉不同的赛道。

车手日记

这篇日记列出了一级方程式某个赛季的一些训练活动。

19 赛车手每周会花费多长时间健身？

20 赛车手每周总共花费多少小时训练？

（第28页有小提示，可以帮你回答这些问题。）

	上午	下午
星期一	9:00—11:00健身	4:00—5:00游泳
星期二	8:00—9:00跑步	2:00—5:30健身
星期三	8:00—9:00跑步	3:00—6:15游泳
星期四	8:00—9:00骑自行车	3:30—5:30游泳
	9:00—10:45健身	
星期五	9:00—11:20健身	3:00—5:10游泳

关于一级方程式的小知识

车队会在开发一级方程式赛车和筹划比赛上花费大量的金钱。车队中有两辆车，由两名赛车手驾驶。研究表明，为了赢得冠军，每年的花费可能高达20亿元人民币。

关于一级方程式的小知识

赛车设计的一个重要内容是空气动力学。赛车必须快速地穿过空气，但又不能像飞机一样脱离地面！

赛车准备好参加比赛了吗?

一级方程式车队在制造赛车时必须遵循非常严格的规则。一辆一级方程式赛车一旦违反其中任意一项规则，就会被取消参赛资格。这些规则规定了汽车的长度、高度和质量，还规定了轮胎的尺寸。

这些规则还对一些安全装置进行了规定，例如防滚杆、防漏油箱以及赛车手头部和颈部的保护装置。

尺寸和质量

通常情况下，一级方程式赛车的大小和质量大致相同。

请你看一看右边的一级方程式赛车照片，然后估算汽车的大小和质量，并从以下数字中进行选择。

21 赛车的宽度大约是：

　　a）25厘米　b）2米　c）12米

22 赛车的长度大约是：

　　a）4米　b）25米　c）1米

23 一辆载着车手的汽车至少重：

　　a）50千克

　　b）100千克

　　c）655千克

（第28页有小提示，可以帮你回答这些问题。）

刘易斯·汉密尔顿驾驶着他的梅赛德斯赛车。

专业小知识

在整个比赛中，一些被称为"审查员"的特殊工作人员会仔细检查所有一级方程式赛车。审查员会确保车队在设计赛车和为比赛做准备时没有违反任何规则。

关于轮胎的小知识

一级方程式赛车的后轮宽度可达43厘米左右。普通汽车的轮胎宽度只有约18厘米。一级方程式赛车配有不同类型的轮胎，以适应潮湿或干燥的天气。

造一辆新车

造出一辆一级方程式赛车，需要一个人不间断地工作约24万小时，也就是约27年！

24 如果有10个人在制造这辆车，那么每个人需要工作多少小时？

25 如果有100个人在制造这辆车，那么每个人需要工作多少小时？

在现实生活中，通常会由一个60人组成的团队共同打造一辆一级方程式赛车。这样的团队造出一辆车，所有人的工作时间总和也要24万小时。

26 这个团队中的每个人需要工作多少小时？

27 如果每个人一天工作10小时，那么总共需要多少天才能造出这辆车？

（第28页有小提示，可以帮你回答这些问题。）

专业小知识

一辆一级方程式赛车由80 000个零件组成，并具有超过800米长的连线。

关于轮胎的小知识

以最高速度行驶时，一级方程式赛车的轮胎每秒钟要旋转50次！这些轮胎的行驶里程最多可以达到120千米。而普通汽车的轮胎的行驶里程通常可以达到6万—8万千米！

为新加坡大奖赛做准备

这是举办新加坡大奖赛的周末。在新加坡，城市里有些街道被封上了，因为比赛正是在普通的道路上进行的！赛车穿过滨海湾，绕过弯道，甚至从观众看台下方飞驰而过。在这条赛道上，超车非常困难，往往拥有最佳策略的车队才能获胜。在周日的比赛开始前，车队需要做出一些重要的战略决策。

关于赛道的小知识

一级方程式赛车的定风翼如同倒装的飞机机翼。飞机的机翼是用来产生升力的，但一级方程式赛车的定风翼却会产生相反的力，那就是下压力。这种力会把赛车向下压，使它紧贴赛道。在时速达到一定速度时，这些定风翼产生的下压力甚至可以使汽车紧贴在隧道的顶部，这样汽车就可以上下颠倒行驶啦！不过到目前为止，还没有人尝试过这种特技。

定风翼的设置

车队在新加坡赛道上进行测试。他们调整挡位，以攻克高难度的弯道；调整定风翼的角度，从而获得合适的下压力。

下压力

调整定风翼需要进行三圈计时练习。一圈的下压力设置为高位，另一圈的下压力设置为中位，还有一圈的下压力设置为低位。在下一页的图示中，赛道被分成了三个区域。下表显示了赛车在不同的下压力设置下通过每个区域所用的时长。

	区域1的通过时间（秒）	区域2的通过时间（秒）	区域3的通过时间（秒）
低位设置	19.4	37.1	17.1
中位设置	19.4	37.0	18.1
高位设置	19.5	37.1	17.2

(28) 请你把不同下压力设置下的三个区域所用时长加起来。在哪种设置下，单圈所用的时间最短呢？

挡位的设置

调整过下压力后，还需要三圈来调整挡位。一圈设置为高位，另一圈设置为中位，还有一圈设置为低位。下表显示了赛车在不同挡位设置下通过每个区域所用的时长。

	区域1的通过时间（秒）	区域2的通过时间（秒）	区域3的通过时间（秒）
低位设置	19.5	37.4	18.4
中位设置	19.3	37.2	18.2
高位设置	19.6	37.1	17.9

(29) 请你把不同挡位设置下的三个区域所用时长加起来。在哪种设置下，单圈所用的时间最短呢？

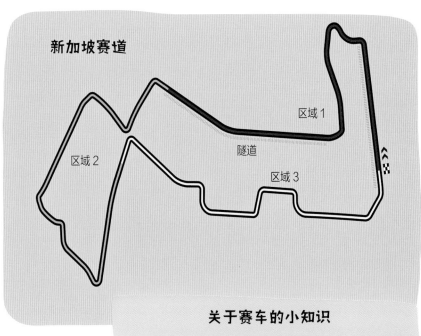

新加坡赛道

区域1

隧道

区域2

区域3

关于赛车的小知识

一级方程式赛车的最高时速为375千米。但在新加坡赛道上，赛车时速仅能达到300千米。

一级方程式赛车的前部和后部都有定风翼。

下压力

一级方程式赛车的定风翼产生的下压力大小取决于定风翼和地面形成的角度。较小的角度产生的下压力较小，较大的角度产生的下压力则较大。下压力较小的赛车受到的空气阻力（即空气对赛车的阻碍力）也更小，因此赛车的行驶速度会更快。下压力更大的赛车也会受到更大的空气阻力，因此它在弯道上抓地更牢，但在直道上的行驶速度更慢。

30 来测一测你的角度知识吧！下面各个角分别是多少度？

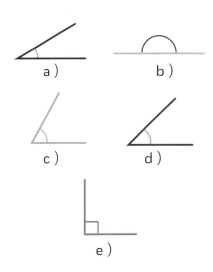

a)　　　　　b)

c)　　　　　d)

e)

（第28页有小提示，可以帮你回答这个问题。）

策划停站

一级方程式赛车在比赛中需要快速停站。一级方程式赛车的轮胎无法在一整场比赛中持续使用，因为它们会被磨损而需要更换。如果比赛期间下雨了，车队可能会决定使用特殊的雨胎。此时车手需要离开赛道，前往一个叫作"维修区"的特殊区域。在那里，维修工作人员已经准备好在几秒钟内更换轮胎。自2010年起，比赛期间禁止加油，因为在短时间内加油会带来危险。燃料会使赛车变得更加沉重和缓慢，所以赛车需要准备刚好足够比赛使用的燃料，而不需要过量。

多少次停站？

这支队伍已经决定实施停站三次的策略。比赛中使用的三套新轮胎会为他们提供绝佳的取胜机会。他们将在每次停站时检查燃料。如果赛车使用了过多的燃料，车手就可能需要减速。

请你参考下方的数据表来回答以下问题。

31 第一次停站时，赛车使用了多少燃料？

32 第一次停站出发后，为了抵达下一个停站点，赛车还需要使用多少燃料？

33 比赛结束后，赛车还剩下多少燃料？

数据表	新加坡大奖赛停站
油箱内的燃料	145升
新加坡站的总圈数	61
每圈所需燃料	2.3升
停站策略	
比赛期间第一次停站时机	第12圈结束时停站
比赛期间第二次停站时机	第32圈结束时停站
比赛期间第三次停站时机	第48圈结束时停站

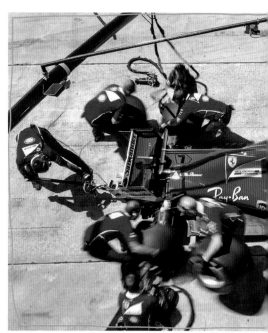

关于比赛的小知识

2019年巴西大奖赛，红牛车队在1.82秒内为马克斯·维斯塔潘完成了停站，这是有史以来耗时最少的停站。

关于比赛的小知识

一场比赛中，每个一级方程式车队都有大约100名工作人员，光是照顾引擎的人就有25个！

在比赛中，工程师团队负责对赛车和车手的表现、策略进行管理。

边界

为了安全起见，大多数大奖赛赛道的外围（边界）都设有围栏。

34 赛道周围正在修建一道围栏。这道围栏会围出一个长方形的区域。这个区域的长度为2 250米，宽度为1 200米。那么围栏的总长度是多少呢？

35 第34题中，被围起来的地方面积有多大？

36 一个正六边形的周长是30厘米，每条边的长度是多少？

（第28页有小提示，可以帮你回答这些问题。）

杆位

大奖赛开始时，汽车会按照排位排成两列，其中一列比另一列的位置略微靠前一些。比赛前一天会举办排位赛，车手在排位赛中的表现决定了他们在大奖赛开始时的赛车排位。在排位赛中，每个车手会在赛道上跑3圈。第2圈（也叫"飞行圈"）会计时，大奖赛开始时车手就按照这一圈的行驶时间排位。用时最短的车手将获得杆位，排在第一个发车！

在新加坡大奖赛开始的前一天晚上，一切都很安静。

排位赛

排位赛即将开始。车手和赛车在维修区等待着，准备好在轮到他们的时候发车。

共有20辆车参加排位赛。赛车离开维修区的时间间隔为1.5分钟。第6辆、第11辆和第16辆赛车除外，因为这些车需要额外多等2分钟才能离开维修区。第1辆车在下午2:00离开维修区。

㊲ 第1辆车出发后，下列每辆车将在多少分钟后离开维修区？

　　a）第3辆车

　　b）第11辆车

　　c）第16辆车

㊳ 第1辆车出发后，最后一辆车要等多少分钟才能开始排位赛呢？

（第29页有小提示，可以帮你回答这些问题。）

关于比赛的小知识

一级方程式大奖赛中第一次重大事故发生在1950年的摩纳哥大奖赛上。当时有大约9辆赛车在弯道处相撞。

排位

排位赛结束了，人们依据飞行圈的圈速来确定所有赛车的发车顺序。

㊴ 这是飞行圈成绩前6名的车手。你可以看到6辆车已经排好位置了。你能推算出哪辆车处在哪个位置上吗？

红牛车手用时：74.6秒

法拉利车手用时：75.1秒

雷诺车手用时：74.8秒

迈凯伦车手用时：75.0秒

梅赛德斯车手用时：74.9秒

阿尔法·罗密欧车手用时：75.4秒

第五位

第六位

第三位

第四位

杆位

第二位

工程师们拆下保险杠和前定风翼，准备修理赛车。

工程师们进行着最后的调整，看看能否让赛车跑得更快一些。

机械师正在检查雨胎，因为天气预报显示比赛时会下雨。

比赛日

在比赛日当天，还必须进行一些最后检查。比赛开始前30分钟，赛车才会在排位上组装完毕，而最后检查会在组装赛车之前完成。车手也必须在比赛前做好心理上和生理上的准备，进行热身练习，并补充大量的水分。

车手的准备

下面列出了车手将在比赛开始前参加的所有活动，以及每种活动需要花费的时间：

A.短跑 30分钟   E.按摩 20分钟

B.早餐 25分钟   F.赞助商会议 45分钟

C.安全会议 80分钟   G.拉伸运动和低强度运动 15分钟

D.午餐 25分钟   H.听音乐，并和工程师交谈 30分钟

40 车手在午餐后到开始听音乐之前将花费多长时间？

41 如果比赛在下午2:00开始，那么车手需要在什么时间开始短跑？

42 车手将花几小时几分钟参加安全会议？

43 如果比赛在下午2:00开始，车手将在几时吃完午餐？

（第29页有小提示，可以帮你回答这些问题。）

在暖胎圈开始前，备用轮胎被放在排位上的赛车旁边。工程师之后必须把这些轮胎推回车库。

工程师和赛车手们等待着比赛开始前的暖胎圈。

关于赛车的小知识

赛车刹车盘由一种非常坚固的特殊碳纤制成。这种刹车盘可以耐受高达1 200 ℃的高温——这可是熔岩能达到的最高温度！

当赛车停稳后，红灯就会逐一亮起。而当所有的红灯都熄灭时，比赛就开始了。

关于赛车的小知识

只需要不到4秒，赛车的时速就可以从0加速到160千米，再减速回到0。

赛车需要参加暖胎圈，也就是在赛道上跑一圈来提升轮胎的温度，因为温度较高的轮胎才能抓牢赛道。

车队的准备

44 现在是上午10:50。车队在比赛前还需要进行一些修理工作，还有3小时10分钟的时间用来完成工作。

这里是每项维修需要花费的时间。赛车能在比赛开始前准备好吗？

安全带 12分钟

加速踏板 58分钟

后悬架 1小时9分钟

电脑软件 47分钟

关于车手的小知识

赛车头盔极其坚固。它们必须通过一系列的极端测试，例如在788 ℃的火焰中坚持45秒。

在激烈的比赛中保持冷静

在任何一场大奖赛中，获得杆位都是重要的优势。不过，反应够迅速的赛车手仍然有机会弥补差距，甚至取得领先。赛车手们必须保持高度警惕，尤其是在起程的时候。这是个非常紧张的时段，赛车经常会发生碰撞，甚至还没完成一圈就撞车出局了！

事故

当赛车手们看到前方发生事故时，赛车正以每小时200千米的速度行驶着。赛车手需要时间做出反应并刹车。

使用下面关于停车距离的数据表来回答以下问题。

45 如果你的车长为4米，且你正以每小时64千米的速度行驶，你需要经过大约多少个车长才能停下来？

46 如果你正以每小时112千米的速度行驶，你需要经过大约多少个车长才能停下来？

数据表　停车距离

速度（千米/小时）	反应距离（米）	刹车距离（米）	总计停车距离（米）
32	6	6	12
48	9	14	23
64	12	23	35
80	15	38	53
96	18	55	73
112	21	74	95

发生撞击后，受损的车会被带回维修区。制造一辆赛车需要花费大约800万美元。

125 Years of Mercedes-Be

在进行暖胎时，赛车后面跟着一辆安全车。当赛车回到起跑线的位置时，安全车离开赛道。

赛车手安然无恙，自行返回车队了。

反应时间

赛事工作人员会记录三辆领先赛车在起跑时的反应时间。数轴上的0表示起跑灯熄灭的时间，也就是赛车可以出发的时间。

-4 -3 -2 -1 0 +1 +2 +3 +4

每辆车都有不同的反应时间，一辆车的反应时间是+1秒，另一辆车的反应时间是+2秒，还有一辆车的反应时间是-1秒。

47 哪辆车的反应时间最短？哪辆车的反应时间意味着它将被取消比赛资格？

（第29页有小提示，可以帮你回答这个问题。）

停站

当轮胎表面在比赛中磨损后，赛车每圈的行驶时间会显著增加。尽管一次停站会使单圈时间增加约28秒，但赛车只有安上新轮胎才能跑得更快。车队经常需要进行计算，来制定停站的策略。不过停站用时总是越少越好。

停站

维修区的工作人员共有16人。这些工作人员都需要执行特定的任务：

- 每个车轮都需要由3个人负责更换。
- 2个人负责操作前、后千斤顶。
- 一个人用"棒棒糖"（一种长棒状的圆形标志，类似于棒棒糖）引导赛车手进出维修区。
- 一个人负责清洁头盔的面罩。

48 总共有多少工作人员负责更换轮胎呢？

49 在20个16人团队中，总共有多少人负责更换轮胎？

50 在20个16人团队中，总共有多少人负责操作千斤顶？

51 更换一辆车上的4个轮胎需要4秒钟。如果想要更换20辆汽车的所有轮胎，可以在78秒内完成这一任务吗？

关于比赛的小知识

维修通道是大奖赛赛道上唯一限速的路段。在练习阶段，超过规定速度的赛车手可能会被罚一大笔款！进入维修通道时，车手会按下方向盘上的按钮来激活限速器。

准备，预备，开始！

一级方程式赛车维修区的工作人员需要在数秒内完成工作。

试试你能不能在5秒内完成下面的数学挑战吧！别忘了请一位朋友来帮你计时哟！

52 背诵4的倍数。

53 从数字2开始往后数4个偶数（包括2），把它们加起来等于多少？

54 说出5米等于多少厘米。

55 算一算19、20、21相加的和等于多少。

维修区的工作人员正在等待赛车到站。

0秒

在"棒棒糖"的指引下，一辆赛车精准地停在了维修通道的固定位置上。维修人员也迅速围了过来，各就各位。

1秒

一些工作人员开始拆卸轮胎螺母。其他工作人员则用千斤顶将车抬离了地面。还有一名工作人员清洗了车手的面罩。

2秒

一些工作人员拆除了赛车的轮胎，而其他工作人员则准备好了新的轮胎。

3—4秒

工作人员拧紧了轮胎螺母。每更换好一个轮胎，工作人员都会举手示意，表明他们已经完成了任务。

5秒

赛车从千斤顶上降了下来。"棒棒糖"指示车手选择1挡，准备出发。

6—8秒

"棒棒糖"被举起，车手重新加入比赛。

谁会成为世界冠军？

现在只剩下3场比赛了。每场比赛的前10名都会获得积分。赛季结束时，积分最多的车手将获得世界冠军。前3名的积分非常接近。

世界冠军

谁会赢得世界冠军取决于最后3场比赛的结果。

请你根据下一页的3个黄色数据表回答以下问题。顶部的数据表显示了比赛前10名的车手将获得多少积分。底部的数据表则显示了车手们在赛季的最后3场比赛中获得的积分。

56 阿尔法·罗密欧车手在巴西大奖赛中排名第几位？

57 红牛车手在阿布扎比大奖赛中排名第几位？

58 本赛季结束时，雷诺车手总共获得了118分。你能推算出车手在巴西大奖赛中排名第几位吗？

59 梅赛德斯车手和红牛车手谁能在赛季结束时获得更多积分？他们之间的分差是多少？

60 谁在赛季结束时获得了最多积分并赢得了车手世界冠军？

贴心小提示：从右页顶部的数据表中，你可以看到每场比赛中不同名次的车手分别能获得多少积分。

车手将车开回维修区，并向众人致意。

关于冠军的小知识

直到2019年底，来自德国的迈克尔·舒马赫仍然保持着赢得大奖赛冠军次数最多的世界纪录。他曾七次获得世界冠军。一级方程式赛车的第一位世界冠军是意大利的朱塞佩·法里纳。1950年，他代表阿尔法·罗密欧车队赢得了冠军。

领奖台

61 工作人员在赛道边缘搭起了领奖台！

他们使用展开图（可以折叠成立体图形的平面图形）来设计可以站在上面的方块。

下面哪些图形可以被折成顶部开口的盒子呢？

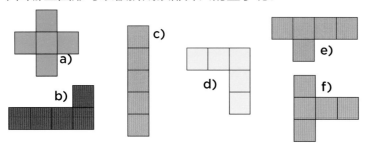

（第29页有小提示，可以帮你回答这个问题。）

关于冠军的小知识

比赛期间，平均每名赛车手的体重会减轻约4千克，其中大部分是体液损耗。因此，车手们需要在比赛中补充水分。为了做到这一点，他们的防护头盔上安装了饮水管。

数据表

比赛积分

到达终点时的名次	积分
第1名	25
第2名	18
第3名	15
第4名	12
第5名	10
第6名	8
第7名	6
第8名	4
第9名	2
第10名	1

赛车手和工作人员一起庆祝他们的成功，因为这是一个团队的成果。

数据表

本赛季最后3场比赛前获得的总积分

车手	积分
梅赛德斯车手	145
法拉利车手	140
红牛车手	135
迈凯伦车手	90
阿尔法·罗密欧车手	85
雷诺车手	75

获得比赛前3名的赛车手在领奖台上领取奖杯。

数据表 ## 本赛季最后3场比赛中获得的积分

车手	墨西哥大奖赛	巴西大奖赛	阿布扎比大奖赛
梅赛德斯车手	12	8	25
法拉利车手	18	25	10
红牛车手	25	15	12
迈凯伦车手	15	12	18
阿尔法·罗密欧车手	8	4	8
雷诺车手	10	?	15

小提示

第6页

有多远？

想要算出两个数之间的差，可以用减法。从较大的数中减去（可以理解为取走）较小的数，就可以算出这两个数之间相差多少。

第8-9页

多少圈？

象形图是一种图标，它用图像来表示一定数量的物体或动作。在第8页的图中，一个完整的方向盘图像代表在赛道上行驶4圈。

这个方向盘也可以被分割成几部分。在这种情况下，每半个方向盘代表2圈。

哪个赛道？

四舍五入的规则：把一个数四舍五入为最接近的整十数时，个位为5、6、7、8或9的数向上"入"，即个位变成0，十位加1；个位为4、3、2或1的数向下"舍"，即个位变成0，十位不变。例如，经过四舍五入，36将被"入"为40，而32将被"舍"为30。

把一位小数四舍五入为最接近的整数时，规则也是一样的。例如，小数3.6可"入"为4，3.2可"舍"为3。

第10页

赛车手的健康

1分钟＝60秒

车手日记

1小时＝60分钟

第12-13页

尺寸和质量

想象一个成年人正站在汽车旁。他有多高？和汽车的尺寸比起来怎么样呢？他有多重？和汽车比起来又怎么样呢？

造一辆新车

一个数除以100，相当于这个数先除以10，再除以10。

第15页

下压力

角可以用于衡量物体的旋转程度。角的测量单位是"度"，度的符号是"°"。

一条射线绕它的端点旋转一周，形成的角（一个周角）的度数为360度。

旋转 $\frac{1}{4}$ 圈的度数为90度，是一个直角。

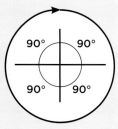

一个周角由四个直角组成。

正方形和长方形每个角的度数都是90度。

第17页

边界

周长是指封闭图形一周的长度。我们可以用3种不同的方法来计算长方形的周长：

- 把四条边的长度相加。
- 把一条长边和一条短边的长度相加，然后把结果乘2。
- 将长边和短边的长度分别乘2，然后把得到的两个数相加。

这个长方形的周长是16米。

第18页
排位赛

请记住，第2辆车比第1辆车晚1分30秒发车。大多数汽车的发车时间都和相邻的汽车相差1分30秒，只有3辆汽车需要额外等待2分钟才能发车。

第20页
车手的准备

可以先将车手所有活动的总分钟数相加。

第23页
反应时间

如果反应时间为负数，说明车手在灯灭（也就是比赛开始）前就出发了。因此，这是一次抢跑犯规。

第26页
领奖台

几个相同的正方形组合在一起，每个正方形至少有一条边与其他正方形相连，这样组成的平面形状叫"多连方"。五个正方形组成的多连方叫作五连方。下面的6个"五连方"中，有4个可以折叠成一个开口的盒子。

 a)

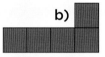 b)

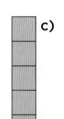 c)

 d)

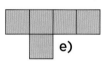 e)

 f)

答案

有多远？

1）最短距离是到法国勒卡斯泰莱的146千米。最长的距离是到澳大利亚墨尔本的16 404千米。

2）4 795千米　3）6 093千米

4）811千米　5）2 055千米

忙碌的日程

6）6月

7）车手在加拿大蒙特利尔比赛（6月14日）。

多少圈？

根据象形图，每场大奖赛的圈数为：

8）澳大利亚：58

9）越南：54

10）中国：56

11）英国：52

12）匈牙利：70

13）美国：56

14）阿布扎比：54

哪个赛道？

15）巴林

16）5

赛车手的健康

17）骑自行车的时间缩短了41秒，跑步的时间缩短了8秒。

18）游泳时间变长了，需要缩短37秒才能达到上赛季的成绩。

车手日记

19）每周花在健身上的时间是9小时35分钟。

20）每周花21小时进行训练。

尺寸和重量

21）宽度约为2米（b）。

22）长度约为4米（a）。

23）质量至少是655千克（c）。

造一辆新车

24）每人工作24 000小时。

25）每人工作2 400小时。

26）每人工作4 000小时。

27）400天

定风翼的设置

28）低位设置

	单圈时间（秒）
低位设置	73.6
中位设置	74.5
高位设置	73.8

29）高位设置

	单圈时间（秒）
低位设置	75.3
中位设置	74.7
高位设置	74.6

下压力

30）

a) 30°　b) 180°

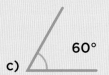
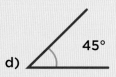

c) 60°　d) 45°

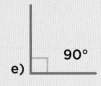

e) 90°

第16-17页

多少次停站？

31）12×2.3=27.6（升）
32）20×2.3=46（升）
33）4.7升

边界

34）6 900米
35）2 700 000平方米（2 250×1 200）
36）正六边形每条边的长度是5厘米。

第18页

排位赛

37）a）第3辆车在3分钟后出发。
　　b）第11辆车在19分钟后出发。
　　c）第16辆车在28.5分钟后出发。
38）最后一辆车要等34.5分钟。

排位

39）

法拉利
（75.1秒）
第五名

阿尔法·罗密欧
（75.4秒）　第六名

梅赛德斯
（74.9秒）
第三名

迈凯伦
（75.0秒）　第四名

红牛
（74.6秒）
杆位

雷诺
（74.8秒）　第二名

第20-21页

车手的准备

40）1小时20分钟
41）从上午9:30开始
42）1小时20分钟
43）在12:10结束午餐

车队的准备

44）可以，车队只需要花费3小时6分钟就可以完成维修工作。

第22-23页

事故

45）9个车长
46）24个车长

反应时间

47）最快的反应时间是+1秒，-1秒的车将被取消资格，因为它抢跑了。

第24页

停站

48）12人更换轮胎（4×3）
49）240人更换轮胎（20×12）
50）40人操作千斤顶（20×2）
51）不能！这项任务需要花费80秒。

准备，预备，开始

52）4、8、12、16、20、24、28、32、36、40、
　　44、48……
53）20
54）500厘米
55）60

第26页

世界冠军

56）阿尔法·罗密欧车手获得第8名。
57）红牛车手获得第4名。
58）雷诺车手获得第2名（18分）。
59）梅赛德斯车手获得积分更多，分差是3分。
60）法拉利车手，193分。

领奖台

61）a、b、e、f 可以被折成顶部开口的盒子。